动物园里的朋友们
（第二辑）

我是麝鼹

［俄］奥·科罗斯特舍夫斯卡娅 / 文

［俄］塔·舒卡 / 图

刘昱 / 译

江西美术出版社
全国百佳出版单位

我是谁?

　　小朋友，你好！没错，我正向你跑过来。选择这本书你真是太明智了！我们现在已经认识了！

　　我叫麝鼹。科学家们花了很长的时间来给我们起名字。他们想出了很多名字，如青根貂、水老鼠、水耗子、麝香鼠。

　　小时候，妈妈亲切地叫我麝鼹宝贝。

　　我个子很小，非常优雅。

　　我们麝鼹的身长为18~22厘米，体重380~520克。我们的亲戚住在西班牙和法国之间的比利牛斯山脉，他们更小巧——身长只有11~16厘米，体重35~80克。这么可爱的小家伙谁会不喜欢呢?

　　为了保护自己，我学会了散发出强烈的麝香味。

45只麝鼹的体重加起来差不多和你一样重。

麝鼹的尾巴长12~20厘米，和身长差不多。

水貂

麝鼠

麝鼹的寿命是 **4~5** 年，最长可达 **6** 年。

我们的居住地

你可能会感到惊讶，水塘就是我的房子。

我特别爱干净！爸爸妈妈教导我们兄弟姐妹要保持整洁有序，因此我们只选择清澈的水塘，周围树林环绕，美丽极了。

看到人类污染水塘，我非常伤心。我从那里逃走了，我的家人越来越少。

由于湖水被污染，我们开始生病，好心的人类把我们拯救出来，送我们到干净的地方！谢谢他们！我们开心地尖叫起来："呜咦！"

我们麝鼹都十分聪明。我们会捕鱼、捉虫子，还知道如何躲避敌人，而且还不用做无聊的功课！是不是很酷？

我的皮大衣

我漂亮极了！看着湖中的倒影，我想：世界上怎么会有我这么漂亮的动物！

我有一件柔软厚实的银棕色皮大衣，非常时尚。

这件皮大衣可不普通！

我的绒毛从根部向末端扩展，能够让皮毛外面紧实，里面流动着温暖的空气。我的毛皮能一直保持干燥，即使我游很长时间的泳，也不会被浸湿！

不要笑我，因为皮毛里的空气，在水中我会像浮标一样浮起来。所以，我必须迅速地摆动我的小短腿和细细的尾巴，再次下潜。

我的小长脸上有两颗圆珠似的眼睛。虽然视力不太好，但我们不会错过任何一只味道鲜美的虫子！唔！是时候吃东西了！

1 平方厘米的麝鼹皮上约有

30 000 根毛。

麝鼹的绒毛越靠近皮肤的部分越细，

其他动物恰恰相反。

我们的身体

你喜欢美食吗？我从来不狼吞虎咽，你知道的，食物需要细嚼慢咽。

你有多少颗牙齿？我有很多，整整 44 颗！

我是一个很棒的美食家！

我的爪子可漂亮了！我可以用它们打开贝壳，就像打开坚果一样。我的后脚掌比前脚掌大！后脚掌很有力，趾间还有半蹼，非常时尚和美丽。

还记得吗？我告诉过你，我的气味可以吓跑好奇的小孩！同样，我的气味还可以引诱各种小型的水生动物。准备好了！午餐马上来了！用餐愉快！

和你一样，麝鼹的脚掌上有 **5** 根指趾头。

洗完澡后，麝鼹会用长长的爪子梳理皮毛。

我们的感官

对我来说，在水里和陆地上生活都很容易。

因为我有"秘密武器"。

这当然就是我神奇的鼻子！对于我们来说，在陆地上鼻子相当于指南针，而在水中则是潜望镜。你知道什么是潜望镜吗？潜望镜是潜艇上的一种装置，从水中探出，潜艇内的水手可以利用它看到外面的一切。必要时，我将"潜望镜"伸出水面呼吸，就可以确定是否有危险。

我的脸上、掌上和尾巴上长着长长的触须。它们像小侦察兵一样，能够向我报告周围的情况！在漆黑的水里航行时，长长的触须通过振动帮助我捕获周围环境的所有信息。我就像特工007一样！

麝鼹入水后可以通过特殊的瓣膜关闭鼻孔和耳朵。

麝鼹的眼睛小小的,
视力很差。

有河狸居住的地方，
渔夫不会布网，
所以麝鼹很安全。

我们的邻居

　　我们麝鼹非常好客！我们当然不是用面包和奶酪来招待亲朋好友，而是用新鲜的鱼和贝类。即使客人是水田鼠，我也不会把他赶走。收留弱小无助的动物是多么美好的一件事啊！

　　我有一个很棒的邻居，也是我的好朋友——河狸。

　　我们做邻居对双方都有好处。我的邻居是一位优秀的建筑师！你知道他设计的"大坝"吗？那可比乐高更酷！对我来说，那里是最棒的避难所！舒适、安全。你还记得一首歌里唱过的吗？"朋友一生一起走。"当然，我也能帮到我的邻居。我吃对河狸有害的软体动物。我吃饱了，河狸也健康了！我们就这样一起快乐的生活。

寄生虫生活在麝鼹的皮毛里，

呼吸绒毛间储存的空气。

麝鼠的游泳速度大约为2千米/小时。

依靠水流，麝鼹可以游到离自己洞穴千米远的地方。

我的运动记录

如果湖泊和河流的居民们组织一场游泳比赛，我相信我一定能拿到所有的金牌！

在岸上时，我可能看起胖乎乎的，一副不擅长运动的样子，但在水中，我可是游泳健将！

我就像一颗鱼雷！我强壮的后掌灵活极了，上面的"脚蹼"在任何商店都买不到。长而有力的尾巴则会帮助我把控方向。

这还不是全部！我是一个优秀的潜水员，可以屏住呼吸4~5分钟！你知道这是多久吗？这段时间差不多够你吃完一整个冰激凌！

一年中，不管什么季节我都可以游泳，甚至连冬天都能在冰下游泳。游泳时，我会吐泡泡。泡泡向上漂，在临近冰面的地方被冻住。从上面看非常漂亮，真是一幅奇妙的泡泡画！我是一位真正的艺术家！

冬天，我们鼩鼹吃小鱼和植物的块茎。

我们的食物

我特别特别喜欢吃，怎么办？

你吃饭吧唧嘴吗？我就这样，这个习惯太可怕了，我正在努力改掉。

每天，我所吃下食物的重量约等于自己的体重。我胖乎乎的，必须好好吃早餐、午餐、晚餐，还要吃很多加餐来补充营养。

我的菜单很丰富，大约有100多种食物，包括一些草、树根、小鱼、贝类、甲虫、蠕虫、蝌蚪、鱼卵和青蛙！

我在地下挖了很多很长的通道，有些小动物被我的麝香气味吸引，会自己跑过来！

冬天，这些动物跑到靠近冰下的气泡附近，你还记得吗？我就在那里守株待兔！

夏天，麝鼹最喜欢吃的食物是昆虫和它们的幼虫

我们的家

　　水里面就是我们的家。但是一直生活在水里很潮湿，有时水流还会把我们带到不知名的地方。所以我们需要建造洞穴。洞穴是我们的堡垒，结构十分复杂！其中有许多沟渠和通道，就像岸边的迷宫。

　　太有趣了！

　　在主通道的尽头是我们的洞穴：有好几层，每一个家庭成员都拥有属于自己的房间。和你们的多层住宅很像，是不是？如果洞穴里进了水，住户们就可以进入上层的房间。我们彼此间非常友好！

　　我很爱干净！卧室里有草或树叶做成的垫子，如果垫子脏了，我会马上把它换成新的。

　　我们还有客厅，也可以说是凉亭或咖啡馆。幼崽经常聚集在这里，休息一会儿，梳理皮毛，找一找洞里有没有好吃的蚯蚓！

麝鼹洞穴的入口在水下。

禁止入内！

廢鼹的洞穴深 3~10 米。

麝鼹妈妈把孩子驮在背上，从一个洞穴运往另一个洞穴。

刚出生的麝鼹的体重只有刚出生的老鼠的一半。

我们的麝鼹宝宝

　　春天来了,冰面融化,流水潺潺,麝鼹们纷纷从洞穴里钻出来,结识了好多新朋友。我的爸爸妈妈就是这样认识的。他们是世界上最好的父母!

　　一个半月后,我出生了。我很幸运,有两个哥哥,还有两个姐姐。毕竟有的麝鼹可没有兄弟姐妹。

　　我们出生时体型很小,体重只有10~25克。

　　妈妈非常关心我们,一分钟也舍不得离开,不仅用母乳喂养我们,还用身体温暖我们。爸爸也一直守护在我们身边。

　　当父母要离开时,他们会用植物做的毯子轻轻地盖住我们。如果突然有危险,我们勇敢的母亲会把我们驮在背上,送到安全的地方。

　　1个月后,我们就能自己捕虫并探索这个美丽的世界了! 6个月后,我们就长大了——再见了,童年!

我们的天敌

　　生活很美好！但有时也会潜伏着危险，必须要时刻保持警惕。狐狸、水獭或水貂都是我们的敌人。如果空中有老鹰、猫头鹰甚至是乌鸦，也是非常危险的。

　　在水中，鲇鱼可不是一个好邻居。他和沼泽龟会把我的食物都吃掉，但我并不生气。我还可以再找食物，因为我很敏捷！

　　最让我感到难过的是人类。我只能在清澈的水中生活。被污染的水源，遭遇砍伐的森林不适合作为我们的家园，我们离开了最喜欢的地方，伤心极了。

　　你知道邪恶的偷猎者吗？真让我生气！当然，仍有善良的人类在保护和拯救我们。

捕鱼网对麝鼹来说最危险。

野生麝鼹 被列入了濒危动物红皮书。

你知道吗？

鼹鼹——一种神秘而神奇的生物，它的鼻子像个潜望镜。鼹鼹和哪种动物很像？

鼹鼹和澳洲针鼹有些相似。事实上，如果你仔细观察，它们只是鼻子的形状相似，其他的一切都很不同。鼹鼠和鼷鼱是鼹鼹的亲戚。

只不过鼹鼹是它们中体型最大、历史最悠久的。

鼹鼹在 **3000** 万年前就已经出现了，至今一点都没改变。

为什么要改变？它已经很完美了：它们的耳朵小小的，不易被发现。潜水时，耳朵还可以关闭，防止水进入耳朵里。鼻子也是如此，因为它们的鼻孔里有特殊的阀门。鼹鼹可以直接在水底吃东西，不用把食物拖回洞穴里。鼹鼹的身体构造十分巧妙，食物可以进入喉咙，水却不会，因为特殊的肌肉会将气管关闭……这难道不是奇迹吗？

这么可爱与独特的生物已经不需要任何改变了。

所以，尽管几千万年过去了，鼹鼹仍然可爱如初！

甚至它的名字都很独特！你知道吗？鼹鼹可以通过身上一个特殊的麝腺分泌出鼹鼹香，具有浓烈的芳香味，鼹鼹香既可以代替麝香作为名贵中药材，又是制作高级香水的原料。鼹鼹也正是因为这种香而得名。

有一些关于麝鼹的俚语。

有一句是："麝鼹不会认为自己臭！""散发臭味的东西"这个词真是令人反感，和可爱的麝鼹一点都不般配。事实上这并不是说麝鼹，而是说那些看不到自己缺点的人，他们从来不会自我批评。麝鼹为什么要批评自己？它们已经很完美了！

有的地方，人们还会称讨厌的人

"你是绿色的麝鼹"！

真有趣，他们在哪里看到过绿色的麝鼹？麝鼹很少听人类愚蠢的话。这是它们的良好品质——它们不关注人类的言论！它们只听水的哗哗声和草的沙沙声，并且环顾四周，看看是谁走过来了，是谁游过来了……

麝鼹可不喜欢听人类说废话。

一看到人类，它们会迅速潜到水里。

麝鼹并不臭，只不过会散发出一种特殊的气味，一些蜗牛反而非常喜欢这种气味。

麝鼹很神秘，它们在地球上生活了

几千万年，甚至比我们的祖先时间更长。

我们至今对它们了解很少。连人类科学家有时也搞不清麝鼹的种属——他们认为麝鼹是介于河狸和老鼠或者水貂和水獭间的动物，甚至曾称它们为"海鼠"！

但麝鼹不在海里生活，而是在淡水里生活，当然，一定要是干净的淡水！

你是不是认为你家的水龙头流出的水很干净，可以在浴室里养一只可爱的小麝鼹？的确，每个人都希望拥有这样一只宠物。但这是不可能的！因为麝鼹数量不是很多，它们已经被列入濒危动物红皮书。凡是濒危动物红皮书中记录的动物都不能在家里饲养，必须让它们在自然界中生活，它们也会因此很开心的。

麝鼹不喜欢在笼子里生宝宝！

许多科学家尝试饲养麝鼹，在他们的计划中，麝鼹宝宝出生后，将被放回清澈的湖泊中。这样一来，世界上会出现更多的麝鼹！

结果，科学家并没有成功。因为麝鼹非常喜欢自由。老虎和狮子都可以在动物园里生宝宝，但麝鼹永远不会！

你不要伤心，麝鼹还不会消失。

我们希望麝鼹可以更多一些，但是谁都不知道目前世界上具体有多少只麝鼹。大象很容易统计——但这种小型的动物可不太好数，它们活泼好动，一会儿藏在洞里，一会儿藏在水下！

城市里的小朋友是遇不到麝鼹的，

因为麝鼹不在城市里生活！

麝鼹觉得城市里脏乱、嘈杂。它们喜欢静静的湖水，一定要非常干净，还需要很深。如果河岸很高、周围绿树环绕就再好不过了。麝鼹要求很高，它们不会随便什么地方都住。如果周围没有完美的湖泊，麝鼹就会住在小河里。但如果河里水流湍急——它们不喜欢那样！麝鼹会去寻找另一个房子……

麝鼹不喜欢长途旅行，它们可没法在草原上或者森林里走上 1000 千米，那样的话，它们不是病了，就是累了……

但总的来说，麝鼹很强壮。它们的掌上有半蹼，非常有力。它们用后掌划水。前掌很小，在游泳时，它们根本不使用前掌。

游泳时，它们把前掌紧贴自己的身体。

如果你看见了潮湿的麝鼹，说明这只麝鼹现在很难受，健康的麝鼹从来不会潮湿！

麝鼹的皮毛十分特殊。麝鼹肚子上的毛比背部的更密一些，但陆地上的动物恰恰相反，它们肚皮上几乎光溜溜的，背上却毛茸茸的。麝鼹生活在水里，四周都很冷，它们必须保证全身的温暖，小肚皮也不能放过。

麝鼹的腿很短，当它们在岸上散步时，肚皮都快贴到地面了，因此肚皮上长有厚厚的毛非常有必要。

麝鼹的尾巴并不是毛茸茸的，

但也不是光溜溜的，它们的尾巴上有毛，但不是很多。

麝鼹的尾巴上有角状的鳞片。麝鼹的尾巴根部有大名鼎鼎的腺体，不是腺体有名，而是它所散发出的气味有名。正是由于这种气味，有的人才把麝鼹称为"散发臭味的东西"。尾巴不仅是麝鼹游泳时的方向盘，在天气炎热时，还能帮助麝鼹降温。

用大人的话说，尾巴可以进行机体热交换（这种说法可真无聊）。

说实话，麝鼹的气味有些刺鼻。你知道吗？从前，有很多很多的麝鼹。它们住在小水洼里，母牛甚至拒绝喝麝鼹居住地的水。母牛们真是太挑剔了！

麝鼹很想和朋友聊天，

但它却不善言谈。

这也是麝鼹的优点——它们很谦虚，喜欢沉默，不喜欢闲聊。春天，麝鼹从洞穴里钻出来，如果结识了新朋友，它们会开心地叫起来。

麝鼹弟弟大声地发出短而密的声音，麝鼹妹妹则不时温柔地吱吱叫几声，它们互相问候，聊聊怎么度过的冬天。

如果你够幸运， 在麝鼹聊天的时候，

可以在身后观察它们。

因为它们太不常见了，我们只能猜一猜，漂亮的麝鼹住在哪里。
一堆空贝壳意味着不远处是洞穴的入口。冰面下有一串气泡意味
着：麝鼹曾从这里游过。有时清晨或者傍晚，会发现水面上竖着长长
的鼻子。这是麝鼹在呼吸。

现在你明白为什么很少看见麝鼹了吧？

但不要失望， 我们专门为你写了这本书。

现在你差不多已经知道关于麝鼹的一切了。

聪明的人类，我们交
个朋友吧！

再见！湖上见！

动物园里的朋友们

本套书共三辑，每辑 10 册，共 30 册。明星作者以第一人称讲故事的形式，展现每个动物最与众不同、最神奇可爱的一面，介绍了每种动物的种类、生活环境、形态特征、生活习性等各方面。让孩子们足不出户也能了解新奇有趣的动物知识。

第一辑（共 10 册）

第二辑（共 10 册）

第三辑（共 10 册）

图书在版编目（CIP）数据

　　动物园里的朋友们. 第二辑. 我是麝鼹 ／（俄罗斯）
奥·科罗斯特舍夫斯卡娅文；刘昱译. -- 南昌 ：江西
美术出版社，2020.11
　　ISBN 978-7-5480-7514-1

　　Ⅰ．①动… Ⅱ．①奥… ②刘… Ⅲ．①动物—儿童读
物②鼹科—儿童读物 Ⅳ．①Q95-49

　　中国版本图书馆CIP数据核字(2020)第067743号

版权合同登记号 14-2020-0157

出 品 人：周建森
企　　划：北京江美长风文化传播有限公司
策　　划：巴拉拉
责任编辑：楚天顺 朱鲁巍
特约编辑：石 颖 吴 迪 王 毅
美术编辑：童 磊 周伶俐
责任印制：谭 勋

动物园里的朋友们（第二辑） 我是麝鼹
DONGWUYUAN LI DE PENGYOUMEN (DI ER JI) WO SHI SHEYAN

[俄] 奥·科罗斯特舍夫斯卡娅 / 文　[俄] 塔·舒卡 / 图　刘昱 / 译

出　　版：江西美术出版社		印　　刷：北京宝丰印刷有限公司	
地　　址：江西省南昌市子安路 66 号		版　　次：2020 年 11 月第 1 版	
网　　址：www.jxfinearts.com		印　　次：2020 年 11 月第 1 次印刷	
电子信箱：jxms163@163.com		开　　本：889mm×1194mm 1/16	
电　　话：0791-86566274 010-82093785		总 印 张：20	
发　　行：010-64926438		ISBN 978-7-5480-7514-1	
邮　　编：330025		定　　价：168.00 元（全 10 册）	
经　　销：全国新华书店			